Guida alla Coltivazione dei Tulipani

Impara cosa fare per coltivare magnifici Tulipani

A. Duller

Lisa Shardon

Copyright © 2024

Guida alla Coltivazione dei Tulipani

Introduzione

Introduzione alla Coltivazione dei Tulipani

La coltivazione dei tulipani è una pratica affascinante che affonda le radici in una lunga storia di cultura, arte e passione per i fiori. Originari delle regioni montuose dell'Asia centrale, i tulipani sono diventati simboli di bellezza e raffinatezza in molte parti del mondo, specialmente nei Paesi Bassi, dove la loro coltivazione è stata perfezionata nel corso dei secoli. Questa introduzione si propone di esplorare il mondo dei tulipani, offrendo una panoramica sulle loro caratteristiche, le tecniche di coltivazione e l'importanza culturale che rivestono.

La coltivazione dei tulipani richiede una certa conoscenza delle loro esigenze di crescita, delle tecniche di piantagione e della cura necessaria per ottenere fiori sani e vibranti. Questi fiori a bulbo non solo abbelliscono i giardini e i paesaggi, ma possono anche essere utilizzati per la creazione di splendidi bouquet e composizioni floreali. La varietà di colori, forme e dimensioni dei tulipani offre infinite possibilità creative, rendendoli un'opzione popolare per i giardinieri e i florovivaisti.

Nella nostra esplorazione, ci soffermeremo sulla storia dei tulipani, analizzando come sono passati da semplici piante selvatiche a simboli di status e opere d'arte vivente. Ci addentreremo nella varietà di tipi di tulipani disponibili, ognuno con caratteristiche uniche, nonché nelle tecniche di coltivazione che possono aiutare sia i giardinieri principianti che quelli esperti a ottenere risultati straordinari.

Capitolo 1: Storia e Varietà dei Tulipani

1.1 Origini dei Tulipani

I tulipani appartengono al genere *Tulipa*, che comprende circa 150 specie e numerose varietà ibride. La loro storia inizia nell'Asia centrale, dove queste piante a bulbo sono cresciute in natura. I tulipani sono stati utilizzati per secoli da popolazioni nomadi, non solo come piante ornamentali, ma anche per i loro bulbi commestibili.

La coltivazione intenzionale dei tulipani ha preso piede nel XV secolo, quando furono introdotti in Europa. I tulipani arrivarono in Olanda attraverso il commercio con l'Impero Ottomano, dove erano già molto apprezzati. L'Olanda, con il suo clima favorevole e le sue condizioni di crescita ideali, divenne rapidamente il centro della coltivazione dei tulipani.

1.2 Il Tulipano nei Paesi Bassi

Il periodo di maggiore popolarità dei tulipani si verificò nel XVII secolo, durante quello che è conosciuto come il "Tulipomania". Durante questo periodo, i bulbi di tulipano diventano oggetti di speculazione e status sociale. Alcuni bulbi raggiunsero prezzi stratosferici, e l'acquisto di tulipani divenne un segno distintivo di ricchezza. Questa mania ha portato alla creazione di molte varietà, con fiori sempre più straordinari e colorati. La crisi economica che ne seguì alla caduta dei prezzi dei bulbi nel 1637 ha segnato una tappa importante nella storia dei tulipani, ma non ha ridotto l'amore e l'interesse per queste piante.

Oggi, i Paesi Bassi sono il principale produttore e esportatore di tulipani al mondo. La stagione dei tulipani è celebrata ogni anno con festival e giardini aperti, attirando milioni di turisti da tutto il mondo. I tulipani olandesi sono famosi per la loro qualità, varietà e bellezza, e i giardini di Keukenhof sono considerati una delle meraviglie floreali del mondo.

1.3 Varietà di Tulipani

La diversità delle varietà di tulipani è davvero impressionante. I tulipani possono essere classificati in base a vari criteri, come la loro forma, dimensione e periodo di fioritura. Ecco alcune delle categorie principali di tulipani:

- **Tulipani a Fiore Pieno**: Questi tulipani hanno petali pieni e robusti, creando un aspetto molto elegante. Sono spesso utilizzati nei bouquet.

- **Tulipani a Fiore Singolo**: Questi tulipani hanno petali più sottili e un aspetto più delicato. Sono disponibili in una vasta gamma di colori e sono ideali per i giardini.

- **Tulipani Fringed**: Caratterizzati da bordi frastagliati sui petali, questi tulipani offrono un aspetto unico e decorativo. Sono molto apprezzati per il loro aspetto originale.

- **Tulipani Parrot**: Questi tulipani presentano petali ondulati e forme strane che assomigliano ai colori e alle piume dei pappagalli. Sono tra i più vistosi e stravaganti.

- **Tulipani Triumph**: Questi tulipani sono un incrocio tra i tulipani a fiore singolo e i tulipani a fiore pieno. Presentano una forma robusta e una fioritura precoce.

- **Tulipani Darwin**: Conosciuti per la loro resistenza e durata, i tulipani Darwin sono perfetti per il giardinaggio e sono spesso utilizzati nei giardini paesaggistici. Fioriscono in una varietà di colori e sono noti per i loro fiori grandi e robusti.

1.4 Tecniche di Coltivazione dei Tulipani

La coltivazione dei tulipani richiede attenzione e cura, ma seguendo alcune linee guida, è possibile ottenere risultati eccellenti. Ecco alcune delle tecniche fondamentali per la coltivazione dei tulipani:

- **Scelta del Terreno**: I tulipani preferiscono un terreno ben drenato, ricco di sostanza organica. È importante evitare terreni compatti o troppo umidi, che possono causare la putrefazione dei bulbi.

- **Piantagione**: I bulbi di tulipano dovrebbero essere piantati in autunno, generalmente tra settembre e novembre, prima del gelo. Si consiglia di piantare i bulbi a una profondità di circa 15-20 cm e a una distanza di 10-15 cm l'uno dall'altro.

- **Esposizione al Sole**: I tulipani prosperano in posizioni soleggiate, quindi è importante piantarli in aree che ricevano almeno 6 ore di sole diretto al giorno.

- **Annaffiatura**: Dopo la piantagione, è

fondamentale annaffiare i bulbi per favorire l radicamento. Durante la fase di crescita, mantenere il terreno leggermente umido, evitando però ristagni d'acqua.

- **Fertilizzazione**: L'applicazione di fertilizzante a base di potassio e fosforo può favorire la fioritura. È consigliabile fertilizzare i tulipani in primavera, quando iniziano a germogliare.

- **Raccolta e Conservazione**: Una volta che i tulipani sono appassiti, è importante lasciare i bulbi nel terreno fino alla fine della stagione vegetativa. Una volta che le foglie ingialliscono, i bulbi possono essere estratti e conservati in un luogo fresco e asciutto per la prossima piantagione.

1.5 Importanza Culturale e Simbolismo

I tulipani non sono solo piante ornamentali, ma rivestono anche un significato culturale profondo. In molte culture, i tulipani simboleggiano l'amore, la bellezza e la rinascita. Nei Paesi Bassi, i tulipani sono un simbolo nazionale e un elemento fondamentale della loro identità culturale. Le feste primaverili celebrate nei giardini di tulipani attraggono visitatori da tutto il mondo, contribuendo così all'economia locale.

Inoltre, i tulipani sono spesso utilizzati come regali in occasioni speciali, rappresentando sentimenti di affetto e ammirazione. In alcune culture, il colore dei tulipani ha significati diversi: ad esempio, i tulipani rossi simboleggiano l'amore appassionato, mentre quelli bianchi rappresentano la purezza e la verità.

La coltivazione dei tulipani è un viaggio affascinante che unisce storia, cultura e giardinaggio. Con la loro bellezza e varietà, i tulipani continuano a incantare persone di tutte le età in tutto il mondo. Comprendere la loro storia e varietà, nonché le tecniche di coltivazione, è fondamentale per chi desidera immergersi nel meraviglioso mondo di questi fiori. Nella prossima sezione, approfondiremo ulteriormente le tecniche specifiche di coltivazione, fornendo suggerimenti pratici e utili per ottenere i migliori risultati nella coltivazione dei tulipani.

Capitolo 2: Fattori da Considerare per la Scelta del Luogo

La coltivazione dei tulipani richiede una pianificazione attenta e una comprensione dei fattori ambientali che influenzano la crescita di queste affascinanti piante. Scegliere il luogo giusto e preparare adeguatamente il terreno sono passaggi cruciali per garantire una fioritura abbondante e sana. Questo capitolo si concentra su due aspetti fondamentali: il terreno ideale per i tulipani e la preparazione del terreno.

2.1 Terreno Ideale per i Tulipani

Il terreno è uno degli elementi più importanti da considerare quando si piantano i tulipani. Questi fiori, originari delle regioni montuose dell'Asia centrale, si sono adattati a condizioni specifiche che favoriscono la loro crescita. Ecco alcuni dei principali requisiti per il terreno ideale per i tulipani.

2.1.1 Drenaggio

Una delle caratteristiche fondamentali di un buon terreno per i tulipani è il drenaggio. I bulbi di tulipano sono suscettibili alla marciume radicale se sono esposti a un terreno eccessivamente umido. Pertanto, è cruciale che il terreno consenta un rapido deflusso dell'acqua. Terreni argillosi o compatti possono trattenere troppa umidità, quindi è importante evitare aree in cui l'acqua tende a ristagnare.

Test di Drenaggio: Prima di piantare i tulipani, è utile eseguire un test di drenaggio. Questo può essere fatto scavando una buca di circa 30 cm di profondità e riempiendola d'acqua. Se l'acqua non si assorbe completamente dopo 24 ore, potrebbe essere necessario migliorare il drenaggio, ad esempio mescolando sabbia o perlite nel terreno.

2.1.2 Tipo di Terreno

I tulipani prosperano in terreni leggeri e ben strutturati, preferibilmente un mix di terriccio, sabbia e argilla. Questo tipo di terreno fornisce sia sostanza nutritiva sia buona aerazione. Ecco alcune caratteristiche desiderabili del terreno:

- **Terreno Argilloso**: Offre nutrienti e una buona ritenzione idrica, ma deve essere ben aerato.

- **Terreno Sabbioso**: Favorisce un ottimo drenaggio, ma potrebbe richiedere l'aggiunta di sostanza organica per fornire nutrienti sufficienti.

- **Terreno Franco**: Una miscela equilibrata di sabbia, limo e argilla, è spesso considerata l'ideale per la coltivazione di tulipani, poiché combina drenaggio e fertilità.

2.1.3 pH del Terreno

Il pH del terreno è un altro fattore critico per la crescita dei tulipani. Idealmente, il pH dovrebbe essere compreso tra 6.0 e 7.0, leggermente acido a neutro. Un pH troppo basso o troppo alto può influenzare l'assorbimento dei nutrienti da parte delle piante, portando a problemi di crescita.

Test del pH: Per determinare il pH del terreno, è possibile utilizzare kit di test disponibili nei negozi di giardinaggio o inviare un campione del terreno a un laboratorio. Se il pH è troppo basso, si possono aggiungere calcare; se è troppo alto, si può optare per zolfo o torba.

2.1.4 Nutrienti

Il terreno deve essere ricco di nutrienti essenziali, come azoto, fosforo e potassio, che sono fondamentali per la crescita sana dei tulipani. Inoltre, è importante che il terreno contenga sostanza organica, che migliora la struttura del suolo e fornisce nutrienti vitali.

Fertilizzazione Pre-Piantagione: Prima di piantare, si consiglia di aggiungere compost o letame ben decomposto al terreno. Questo non solo migliora la fertilità, ma favorisce anche la presenza di microorganismi benefici, essenziali per la salute del suolo.

2.1.5 Microclima

Un altro aspetto importante è il microclima in cui i tulipani saranno piantati. I tulipani amano il sole e prosperano in aree che ricevono almeno 6 ore di luce solare diretta al giorno. La temperatura del suolo deve essere fresca durante la fase di crescita iniziale, quindi è meglio piantare i bulbi in autunno, quando le temperature iniziano a scendere.

Inoltre, proteggere i bulbi da correnti d'aria eccessive e dalle gelate tardive è essenziale. Alcuni giardinieri scelgono di piantare i tulipani in aree riparate da alberi o arbusti, che possono fornire ombra e protezione.

2.2 Preparazione del Terreno

Una volta scelto il luogo adatto, la preparazione del terreno è il passo successivo. Questo processo è fondamentale per garantire che i bulbi di tulipano abbiano un ambiente sano in cui crescere. Ecco come procedere.

2.2.1 Pulizia dell'Area

La prima fase nella preparazione del terreno è la pulizia dell'area da eventuali detriti, erbacce e resti di piante precedenti. Questi elementi possono competere con i tulipani per acqua e nutrienti e possono anche ospitare parassiti o malattie.

- **Rimozione delle Erbacce**: Assicurati di rimuovere le erbacce più profonde, comprese le radici, per prevenire la loro ricrescita.

- **Disinfezione**: Se ci sono state piante malate nel terreno in passato, considera la possibilità di disinfettare il suolo con metodi appropriati, come l'uso di calore o soluzioni chimiche.

2.2.2 Lavorazione del Terreno

Una volta pulito, è importante lavorare il terreno per migliorarne la struttura. Questo processo include:

- **Aratura**: Usa una vanga o una motozappa per rompere il terreno fino a una profondità di almeno 30 cm. Questo aiuterà a migliorare il drenaggio e l'aerazione.

- **Incorporazione di Compost**: Durante l'aratura, mescola del compost o letame ben decomposto nel terreno. Questo migliorerà la fertilità e la struttura del suolo.

- **Livellamento**: Dopo aver lavorato il terreno, è importante livellarlo per evitare ristagni d'acqua. Utilizza un rastrello per ottenere una superficie uniforme.

2.2.3 Test e Correzione del pH

Dopo la lavorazione del terreno, è fondamentale testare nuovamente il pH per assicurarsi che sia entro il range desiderato. Se il pH non è corretto, puoi apportare modifiche:

- **Aggiunta di Calcare**: Se il terreno è troppo acido, aggiungere calcare dolomitico può aiutare ad aumentare il pH.

- **Zolfo**: Per i terreni troppo alcalini, puoi aggiungere zolfo, che aiuta a ridurre il pH.

2.2.4 Pianificazione della Piantagione

Dopo la preparazione, pianifica come e dove piantare i bulbi di tulipano. È importante considerare la distanza tra i bulbi, che dovrebbe essere di circa 10-15 cm l'uno dall'altro, e la profondità di piantagione, che dovrebbe essere di circa 15-20 cm. Pianificare il layout del giardino è essenziale per ottenere un aspetto armonioso e bilanciato.

2.2.5 Irrigazione Prima della Piantagione

Un passaggio spesso trascurato è l'irrigazione del terreno prima della piantagione. Questo aiuterà a stabilizzare la terra e a garantire che i bulbi ricevano l'umidità necessaria per iniziare il processo di crescita. Tuttavia, fai attenzione a non inondare il terreno; il suolo deve rimanere umido, ma non fradicio.

2.2.6 Preparazione dei Bulbi

Infine, mentre prepari il terreno, non dimenticare di controllare i bulbi di tulipano. I bulbi dovrebbero essere sodi e privi di muffe o macchie. Se noti bulbi danneggiati o marci, scartali. Puoi anche trattare i bulbi con un fungicida prima della piantagione per proteggerli da malattie fungine.

La scelta del luogo e la preparazione del terreno sono passaggi fondamentali per il successo nella coltivazione dei tulipani. Un terreno ben drenato, ricco di nutrienti e con il giusto pH è essenziale per garantire una fioritura rigogliosa. Prendersi il tempo necessario per pulire, lavorare e arricchire il terreno ripagherà con una crescita sana e vibrante dei tulipani. Con una corretta preparazione e cura, i giardinieri possono godere della bellezza di questi fiori, contribuendo a rendere i loro spazi esterni un luogo di bellezza e meraviglia. Nel prossimo capitolo

Capitolo 3: Scelta dei Bulbi di Tulipano

La scelta dei bulbi di tulipano è un passo fondamentale per garantire una fioritura sana e spettacolare. La qualità del bulbo, le condizioni di conservazione e le tecniche di piantagione giocano un ruolo essenziale nel determinare il successo della coltivazione. Questo capitolo si concentra sulle considerazioni per selezionare i bulbi migliori, le tecniche corrette per piantarli, e i segreti per ottenere i migliori risultati.

3.1 Scelta dei Bulbi

Prima di piantare, è necessario scegliere i bulbi di tulipano giusti. La qualità e la salute dei bulbi influenzano direttamente la forza della pianta e la qualità della fioritura. Quando si selezionano i bulbi, è importante considerare diversi fattori.

3.1.1 Dimensione del Bulbo

La dimensione del bulbo è uno dei primi aspetti da considerare. In generale, i bulbi più grandi tendono a produrre fiori più grandi e piante più robuste rispetto ai bulbi più piccoli. La circonferenza di un bulbo di tulipano viene misurata in centimetri e viene utilizzata per determinare la qualità del bulbo.

- **Bulbi di Circonferenza Superiore a 12 cm**: Questi sono i bulbi più grandi e di migliore qualità, noti come "bulbi di prima scelta". Sono ideali per ottenere fiori grandi e sani.

- **Bulbi di Circonferenza Compresa tra 10-12 cm**: Anche questi sono buoni bulbi e possono produrre fioriture soddisfacenti. Sono generalmente utilizzati per coltivazioni su larga scala.

- **Bulbi Inferiori a 10 cm**: Questi sono considerati di qualità inferiore e potrebbero non garantire una fioritura ottimale. Spesso vengono usati per esperimenti o giardini meno formali.

3.1.2 Aspetto del Bulbo

Oltre alla dimensione, è importante esaminare visivamente i bulbi prima dell'acquisto o della piantagione. Ecco cosa controllare:

- **Compattezza**: I bulbi dovrebbero essere sodi e compatti al tatto. I bulbi morbidi o troppo leggeri potrebbero essere danneggiati o secchi.

- **Superficie Liscia e Priva di Danni**: La superficie del bulbo dovrebbe essere liscia, priva di tagli, ammaccature o macchie. Segni di muffa o marciume sono indicatori di cattiva salute.

- **Presenza della Tunica**: I bulbi sono spesso coperti da una sottile pellicola protettiva chiamata tunica. Questa dovrebbe essere intatta e non eccessivamente danneggiata.

- **Colore Uniforme**: Un bulbo sano ha un colore uniforme, senza aree scure o macchie che potrebbero indicare marciume.

3.1.3 Varietà di Tulipani

Esistono moltissime varietà di tulipani, ognuna con caratteristiche uniche in termini di forma, colore e periodo di fioritura. La scelta della varietà dipende dalle preferenze personali, dall'uso previsto e dalle condizioni climatiche del luogo di coltivazione. Le principali categorie di tulipani includono:

- **Tulipani a Fiore Singolo**: Semplici e classici, hanno un solo fiore su ciascun stelo. Sono disponibili in vari colori e dimensioni.

- **Tulipani a Fiore Pieno (Doppi)**: Con fiori doppi e petali multipli, questi tulipani assomigliano a piccole peonie. Sono ideali per giardini decorativi.

- **Tulipani Triumph**: Caratterizzati da fiori robusti e resistenti, sono una delle varietà più popolari per la coltivazione in giardino.

- **Tulipani Darwin**: Noti per la loro resistenza, questi tulipani hanno fiori grandi e sono particolarmente adatti per i giardini paesaggistici.

- **Tulipani Parrot**: Con petali ondulati e colori vivaci, sono tra i tulipani più decorativi e insoliti.

- **Tulipani a Bordo Frangiato**: Questi tulipani hanno petali con bordi frastagliati, che aggiungono un tocco di eleganza al giardino.

3.1.4 Provenienza dei Bulbi

La provenienza dei bulbi è un altro fattore da tenere in considerazione. I Paesi Bassi sono noti per la produzione di bulbi di alta qualità, ma esistono anche altri produttori affidabili in Italia, Francia e altri paesi. L'importante è acquistare da fornitori affidabili, che garantiscono bulbi freschi e di alta qualità.

3.1.5 Stagionalità e Conservazione

I bulbi di tulipano vengono generalmente piantati in autunno, da settembre a novembre, quando le temperature iniziano a scendere. Se i bulbi non vengono piantati immediatamente, è essenziale conservarli correttamente. I bulbi dovrebbero essere conservati in un luogo fresco, asciutto e ben ventilato, con temperature comprese tra 10-15°C, per prevenire il rischio di marciume o germinazione prematura.

3.2 Tecniche di Piantagione

Una volta scelti i bulbi di tulipano, è il momento di passare alla piantagione. Seguire le giuste tecniche di piantagione è essenziale per garantire una crescita sana e una fioritura rigogliosa. Di seguito vengono descritte le fasi e le pratiche raccomandate per una corretta piantagione dei tulipani.

3.2.1 Quando Piantare i Tulipani

Il periodo ideale per piantare i bulbi di tulipano è l'autunno, generalmente da settembre a novembre. Questo intervallo di tempo permette ai bulbi di radicarsi prima che arrivi l'inverno e consente loro di sviluppare forti radici sotterranee, pronte per la fioritura primaverile.

- **Temperatura del Suolo**: La temperatura del suolo dovrebbe essere inferiore a 15°C per ridurre il rischio di malattie fungine. I bulbi non dovrebbero essere piantati troppo presto, quando il terreno è ancora caldo, né troppo tardi, quando il terreno è già ghiacciato.

3.2.2 Scelta della Posizione

I tulipani preferiscono una posizione soleggiata o leggermente ombreggiata. È importante scegliere un'area che riceva almeno 6 ore di luce solare al giorno. La posizione dovrebbe essere riparata da venti forti, che potrebbero danneggiare i fiori, ma ben ventilata per evitare eccessiva umidità.

3.2.3 Profondità e Distanza di Piantagione

La profondità e la distanza tra i bulbi sono

aspetti cruciali per una crescita ottimale. La regola generale per la profondità è di piantare i bulbi a una profondità pari a 2-3 volte la loro altezza.

- **Profondità**: I bulbi di tulipano dovrebbero essere piantati a una profondità di circa 15-20 cm. Questo aiuta a proteggere i bulbi dal gelo e dalle variazioni di temperatura.

- **Distanza tra i Bulbi**: È consigliabile lasciare circa 10-15 cm tra ogni bulbo per consentire lo sviluppo delle radici e prevenire la competizione per i nutrienti.

3.2.4 Tecnica di Piantagione

La tecnica di piantagione può variare a seconda del metodo utilizzato, ma i passaggi di base includono:

1. **Preparare il Terreno**: Assicurarsi che il terreno sia ben drenato e arricchito con

compost o letame ben decomposto.

2. **Scavare il Buco**: Utilizzare una cazzuola o un piantabulbi per scavare un buco della profondità e larghezza adeguata.

3. **Posizionare il Bulbo**: Collocare il bulbo nel buco con la punta rivolta verso l'alto. Se il bulbo è piantato al contrario, potrebbe avere difficoltà a germogliare.

4. **Riempire il Buco**: Coprire il bulbo con il terreno rimosso, premendo leggermente per eliminare eventuali sacche d'aria.

5. **Irrigare Leggermente**: Dopo la piantagione, annaffiare leggermente per favorire il contatto tra il bulbo e il terreno.

3.2.5 Piantagione in Aiuola o Contenitore

I tulipani possono essere piantati sia direttamente in giardino, in aiuole, sia in contenitori. La scelta dipende dallo spazio disponibile e dall'effetto estetico desiderato.

- **Piantagione in Aiuola**: In questo caso, è possibile piantare i bulbi in gruppi per creare effetti visivi impressionanti. Le aiuole possono essere arricchite

con altre piante primaverili per aggiungere varietà.

- **Piantagione in Contenitori**: I tulipani crescono bene anche in vasi o fioriere. È importante che i contenitori abbiano fori di drenaggio per evitare ristagni d'acqua.

Con una corretta scelta dei bulbi e l'applicazione delle giuste tecniche di piantagione, è possibile godere di una fioritura eccezionale in primavera. La cura nella selezione e nella piantagione dei tulipani contribuirà a ottenere fiori vibranti e sani, che illumineranno ogni giardino o terrazzo.

Capitolo 4: Cura e Manutenzione dei Tulipani

La cura e la manutenzione dei tulipani sono essenziali per garantire una fioritura rigogliosa e preservare la salute delle piante durante tutto il ciclo di crescita. Anche se i tulipani sono noti per essere relativamente resistenti, richiedono alcune attenzioni fondamentali per ottenere il massimo dalle loro capacità ornamentali. In questo capitolo verranno esaminate in dettaglio le tecniche di **irrigazione**, **fertilizzazione** e **controllo delle malattie e dei parassiti**, con l'obiettivo di fornire tutte le informazioni necessarie per coltivare tulipani sani e fiorenti.

4.1 Irrigazione

L'irrigazione è un fattore critico per la crescita e lo sviluppo dei tulipani. La gestione dell'acqua deve essere equilibrata: troppa umidità può causare marciume dei bulbi, mentre una carenza d'acqua può compromettere la crescita e la fioritura. Vediamo in dettaglio come e quando irrigare correttamente i tulipani.

4.1.1 Frequenza e Modalità di Irrigazione

- **Prima della germinazione**: Dopo aver piantato i bulbi in autunno, è necessario innaffiare leggermente il terreno per favorire il contatto tra il bulbo e il suolo. Tuttavia, è importante evitare l'irrigazione eccessiva poiché i bulbi potrebbero marcire.

- **Durante la fase di crescita**: All'inizio della primavera, quando i tulipani cominciano a germogliare e svilupparsi, è fondamentale mantenere il terreno uniformemente umido. L'irrigazione dovrebbe avvenire ogni 7-10 giorni, ma la frequenza varia in base al clima e alla tipologia del suolo.

- **Durante la fioritura**: Una volta che i

fiori sbocciano, i tulipani hanno ancora bisogno di acqua, ma in quantità moderata. È consigliabile irrigare durante le ore più fresche del giorno (mattina o sera) per evitare che l'acqua evapori rapidamente e ridurre lo stress idrico.

- **Dopo la fioritura**: Dopo la caduta dei petali, la pianta continua a immagazzinare energia nei bulbi per la stagione successiva. Anche in questo periodo è utile fornire acqua con moderazione per favorire lo sviluppo dei bulbi.

4.1.2 Tecniche di Irrigazione

- **Irrigazione a mano**: In piccoli giardini o in contenitori, l'irrigazione manuale con un annaffiatoio è spesso la soluzione migliore per evitare eccessi d'acqua.

- **Irrigazione a goccia**: Questo sistema è ideale per i giardini più grandi, poiché fornisce acqua in modo lento e controllato, prevenendo ristagni e riducendo il rischio di marciume dei bulbi.

- **Evitare irrigazione dall'alto**: L'acqua diretta sui fiori e sulle foglie può favorire lo sviluppo di malattie fungine, quindi è preferibile irrigare direttamente alla base della pianta.

4.2 Fertilizzazione

I tulipani non richiedono una fertilizzazione eccessiva, ma una nutrizione bilanciata è essenziale per assicurare una fioritura vivace e migliorare la qualità dei bulbi per la stagione successiva. Vediamo in dettaglio quali fertilizzanti utilizzare, quando applicarli e come distribuire correttamente i nutrienti.

4.2.1 Tipologie di Fertilizzanti

- **Fertilizzanti a lento rilascio**: Forniscono nutrienti nel tempo, garantendo una nutrizione costante durante tutto il ciclo di crescita. Sono particolarmente utili per giardini all'aperto.

- **Concimi granulari specifici per bulbi**: Questi fertilizzanti sono ricchi di fosforo e potassio, due elementi essenziali per la formazione dei bulbi e lo sviluppo delle radici.

- **Fertilizzanti liquidi**: Ideali per applicazioni rapide, soprattutto quando si nota un calo nella crescita. Sono spesso utilizzati nei tulipani in vaso o in contenitori.

4.2.2 Momenti Ideali per la Fertilizzazione

- **Prima della piantagione**: È consigliato mescolare del compost o del letame ben decomposto nel terreno. Questo migliora la fertilità del suolo e favorisce la radicazione dei bulbi.

- **All'inizio della crescita primaverile**: Quando i tulipani iniziano a germogliare, una prima fertilizzazione con un concime ricco di fosforo aiuta a stimolare la formazione delle radici.

- **Durante la fioritura**: In questa fase si può utilizzare un fertilizzante ricco di potassio per supportare la fioritura.

- **Dopo la fioritura**: Dopo che i fiori sono appassiti, la fertilizzazione aiuta a preparare i bulbi per la stagione successiva. L'applicazione di un concime bilanciato (ad esempio NPK 10-10-10) favorisce la maturazione dei bulbi.

4.3 Controllo delle Malattie e dei Parassiti

Anche se i tulipani sono generalmente piante robuste, possono essere soggetti a una serie di malattie e infestazioni di parassiti. La prevenzione e il monitoraggio costante sono essenziali per proteggere le piante e garantire una crescita sana. Di seguito vengono descritte le principali malattie e parassiti che colpiscono i tulipani, insieme ai metodi di controllo.

4.3.1 Malattie Comuni dei Tulipani

1. **Marciume dei Bulbi**

- **Cause**: Causato da funghi come *Fusarium* e *Pythium*, si manifesta con bulbi molli e marci, che emettono un cattivo odore.

- **Prevenzione**: Utilizzare solo bulbi sani e piantare in terreno ben drenato. Evitare l'irrigazione eccessiva.

- **Trattamento**: Rimuovere immediatamente i bulbi infetti e trattare il terreno con un fungicida.

2. **Muffa Grigia (Botrytis)**

- **Sintomi**: Comparsa di macchie grigie e muffa polverosa su foglie e fiori.

- **Prevenzione**: Garantire una buona circolazione d'aria e evitare l'irrigazione dall'alto.

- **Trattamento**: Utilizzare fungicidi specifici e rimuovere le parti infette della pianta.

3. **Virus del Tulipano (Tulip Breaking Virus)**

- **Sintomi**: I fiori presentano striature o scolorimenti anomali. Sebbene possano sembrare attraenti, i tulipani infetti crescono debolmente.

- **Prevenzione**: Acquistare bulbi certificati e sani. Evitare di riutilizzare attrezzi senza disinfettarli.

- **Trattamento**: Non esistono cure per i virus delle piante. Gli esemplari infetti devono essere eliminati per evitare la diffusione.

4.3.2 Parassiti Comuni dei Tulipani

1. **Afidi**

- **Descrizione**: Piccoli insetti che succhiano la linfa delle piante, causando deformazioni e rallentando la crescita.

- **Prevenzione**: Controllare regolarmente le piante e utilizzare oli naturali (come l'olio di neem) per scoraggiare gli afidi.

- **Trattamento**: Utilizzare saponi insetticidi o insetticidi biologici in caso di infestazioni gravi.

2. **Nematodi**

- **Descrizione**: Piccoli vermi che infestano le radici e causano danni ai bulbi.

- **Prevenzione**: Utilizzare bulbi trattati termicamente e ruotare le colture per evitare il proliferare di questi parassiti.

- **Trattamento**: In casi estremi, può essere necessario disinfettare il suolo con metodi biologici o chimici.

3. **Roditori (Topi e Talpe)**

- **Problema**: I roditori scavano nel terreno e si nutrono dei bulbi, danneggiando la piantagione.

- **Prevenzione**: Piantare i bulbi in cesti di rete metallica per proteggerli e utilizzare repellenti naturali per tenere lontani i roditori.

La cura e la manutenzione dei tulipani richiedono un approccio olistico che include una corretta irrigazione, una fertilizzazione bilanciata e la prevenzione delle malattie e dei parassiti. Una gestione attenta di ogni fase del ciclo di crescita assicura che i tulipani non solo fioriscano al meglio, ma che rimangano sani e pronti per le stagioni successive. Coltivare tulipani con cura non è solo un atto di giardinaggio, ma un vero e proprio investimento nella bellezza del proprio spazio verde.

Capitolo 5: Raccolta e Conservazione dei Bulbi dei Tulipani

La raccolta e la corretta conservazione dei bulbi dei tulipani sono fasi essenziali per garantire una fioritura rigogliosa nelle stagioni future. Sebbene molte persone lascino i bulbi interrati, una gestione più attenta – che include la rimozione e la conservazione – può prolungare la vita dei bulbi e aumentarne la produttività. Oltre a questi aspetti pratici, i tulipani sono piante ricche di storia e curiosità, spesso circondate da miti e domande frequenti che vale la pena esplorare.

5.1 Raccolta dei Bulbi dei Tulipani

La raccolta dei bulbi di tulipano è un momento cruciale per preparare la pianta al riposo estivo e garantire una nuova fioritura in primavera. Vediamo nel dettaglio **quando** e **come** effettuare questa operazione per evitare errori.

5.1.1 Quando Raccogliere i Bulbi

Il periodo ideale per raccogliere i bulbi di tulipano è **dopo la fine della fioritura**, quando le foglie iniziano a ingiallire e seccarsi. Questo momento coincide con la fase in cui la pianta ha immagazzinato energia nei bulbi per la stagione successiva. La raccolta prematura potrebbe interrompere questo processo e compromettere la salute dei bulbi.

- **Segnale principale**: Le foglie devono essere completamente secche e ingiallite. Se si estirpano i bulbi troppo presto, questi non avranno accumulato abbastanza nutrienti per fiorire di nuovo.

- **Tempistica**: In genere, la raccolta avviene **tra fine maggio e giugno**, ma può variare in base al clima locale e alla varietà di tulipani.

5.1.2 Come Raccogliere i Bulbi

1. **Scavare con cura**: Utilizzare una forca

o una paletta per scavare delicatamente attorno ai bulbi. Fare attenzione a non danneggiarli durante l'estrazione.

2. **Pulire i bulbi**: Rimuovere con delicatezza il terriccio in eccesso e separare i bulbi principali dai bulbetti più piccoli. Questi ultimi potranno essere ripiantati, anche se richiederanno 1-2 anni prima di produrre fiori.

3. **Esaminare i bulbi**: Controllare che non vi siano segni di marciume, muffa o malattie. I bulbi danneggiati devono essere scartati per evitare la propagazione di infezioni.

4. **Lasciare asciugare**: Posizionare i bulbi in un luogo fresco e ventilato per 1-2 giorni. L'essiccazione elimina l'umidità residua e riduce il rischio di marciume durante la conservazione.

5.2 Conservazione dei Bulbi

Una corretta conservazione dei bulbi di tulipano è essenziale per preservarne la vitalità e garantire una nuova fioritura. I bulbi devono essere conservati in condizioni ottimali per evitare marciumi, muffe e disidratazione.

5.2.1 Preparazione dei Bulbi per la Conservazione

- **Rimuovere la tunica secca**: Dopo l'essiccazione, è consigliabile eliminare eventuali strati esterni secchi o danneggiati.

- **Disinfezione facoltativa**: I bulbi possono essere immersi brevemente in una soluzione fungicida naturale (come una miscela di acqua e bicarbonato) per prevenire malattie fungine.

- **Separare i bulbetti**: I bulbi più piccoli possono essere conservati separatamente. Alcuni potrebbero non fiorire l'anno successivo, ma potranno essere utilizzati per la propagazione.

5.2.2 Condizioni Ottimali di Conservazione

- **Temperatura**: I bulbi devono essere conservati a una temperatura compresa tra **15-20°C**. Temperature più alte possono causare una precoce germinazione, mentre quelle troppo basse possono danneggiare i bulbi.

- **Umidità**: Mantenere l'umidità relativa bassa (attorno al 40-50%) per evitare lo sviluppo di muffe.

- **Ventilazione**: Conservare i bulbi in un luogo ben ventilato, come un capanno da giardino o una cantina asciutta.

- **Contenitori**: I bulbi devono essere conservati in **sacchetti di rete** o cassette di legno per permettere la circolazione dell'aria. Evitare contenitori chiusi o plastica, che potrebbero trattenere umidità.

5.3 Curiosità e Miti sui Tulipani

I tulipani sono fiori legati a storie affascinanti e a leggende popolari, soprattutto per il loro ruolo storico ed economico. Di seguito alcune delle curiosità più interessanti e miti legati ai tulipani.

5.3.1 La Tulipomania

Uno degli episodi storici più famosi legati ai tulipani è la **tulipomania** del XVII secolo. Durante questo periodo, nei Paesi Bassi, i tulipani divennero così popolari da scatenare una vera e propria bolla speculativa. Alcune varietà di tulipani venivano vendute a prezzi astronomici, pari al valore di una casa. La bolla esplose nel 1637, causando enormi perdite economiche per molti investitori.

5.3.2 Significato Simbolico dei Tulipani

- **Amore perfetto**: Nella tradizione popolare, i tulipani simboleggiano l'amore perfetto. Ogni colore ha un significato particolare:

  - **Rosso**: Amore eterno e passione.

  - **Giallo**: Felicità e amicizia.

  - **Bianco**: Purezza e perdono.

  - **Viola**: Regalità e nobiltà.

- **Fiore di riconoscenza**: In alcuni paesi, regalare un tulipano è considerato un gesto di gratitudine.

5.3.3 Mito Persiano dell'Amore

Secondo una leggenda persiana, un giovane chiamato Farhad si innamorò follemente di una donna di nome Shirin. Quando apprese erroneamente della morte di Shirin, Farhad si tolse la vita. Si narra che dai suoi gocciolamenti di sangue sbocciarono i primi tulipani rossi, per questo motivo il tulipano è associato all'amore tragico e alla passione.

5.4 Domande Frequenti sui Tulipani

5.4.1 È necessario rimuovere i bulbi dei tulipani ogni anno?

Non è obbligatorio, ma rimuovere i bulbi ogni anno può migliorarne la salute e prevenire malattie. Se lasciati nel terreno, alcuni bulbi potrebbero non fiorire con la stessa intensità negli anni successivi.

5.4.2 Come faccio a sapere se un bulbo è ancora vitale?

Un bulbo vitale è compatto, pesante e privo di segni di marciume o muffa. Se il bulbo è molle o presenta macchie scure, probabilmente non sopravviverà.

5.4.3 Quanto tempo possono essere conservati i bulbi?

I bulbi di tulipano possono essere conservati fino a **6 mesi** in condizioni ottimali. È importante piantarli entro l'autunno per garantire una buona fioritura.

5.4.4 Posso piantare i bulbetti piccoli?

Sì, ma i bulbetti più piccoli potrebbero non fiorire immediatamente. Potrebbero richiedere 1-2 anni di crescita prima di produrre fiori.

5.4.5 Cosa fare se i tulipani non fioriscono?

Se i tulipani non fioriscono, potrebbero esserci diverse cause:

- Il bulbo è stato piantato troppo superficialmente.

- Il terreno è povero di nutrienti.

- I bulbi sono stati danneggiati da parassiti o malattie.

- La pianta ha ricevuto troppa o troppo poca acqua.

La raccolta e la conservazione dei bulbi dei tulipani rappresentano fasi essenziali per assicurare il successo delle fioriture future. Attraverso pratiche corrette di estrazione, conservazione e prevenzione delle malattie, è possibile mantenere i bulbi in salute per anni. La storia affascinante dei tulipani, arricchita da miti e curiosità, rende questa pianta ancora più speciale per giardinieri e appassionati. Con la giusta cura, ogni stagione di crescita può essere una nuova occasione per godere della bellezza ineguagliabile dei tulipani.

Glossario sui Tulipani

Questo glossario fornisce un elenco dettagliato e approfondito dei termini e delle nozioni più comuni legate alla coltivazione dei tulipani, alla loro biologia, e alle pratiche di cura e gestione. Che tu sia un giardiniere esperto o un principiante, questo glossario ti offrirà tutte le informazioni necessarie per comprendere il mondo dei tulipani e ottenere il massimo da queste meravigliose piante.

A

Annaffiatura a goccia

Metodo di irrigazione che prevede il rilascio lento e costante di acqua direttamente alla base della pianta. Ideale per evitare il ristagno idrico e prevenire malattie fungine.

Antociani

Pigmenti naturali presenti nei petali di alcuni tulipani, responsabili delle tonalità rosse, blu e viola. Questi pigmenti conferiscono colori brillanti e variegati a molte varietà di tulipani.

Appassimento

Fase finale della fioritura durante la quale i petali del tulipano cadono e la pianta inizia a immagazzinare energia nei bulbi per la stagione successiva.

B

Bolla speculativa del Tulipano (Tulipomania)

Fenomeno storico avvenuto nei Paesi Bassi nel XVII secolo, in cui i tulipani divennero oggetto di una bolla economica, con i bulbi venduti a prezzi esorbitanti prima del crollo del mercato.

Bulbo

Organo sotterraneo del tulipano, formato da strati carnosi chiamati tuniche. Il bulbo funge da riserva di energia e nutrimento per la crescita e la fioritura della pianta nella stagione successiva.

Bulbetto

Bulbo secondario che si sviluppa accanto al bulbo principale. I bulbetti possono essere separati e coltivati, ma richiederanno alcuni anni prima di produrre fiori.

C

Ciclo vegetativo

L'intero ciclo di crescita di una pianta, dalla germinazione alla fioritura, fino al ritorno allo stato dormiente. Nei tulipani, questo ciclo si svolge in genere tra l'autunno e la primavera.

Concimazione

L'aggiunta di fertilizzanti al suolo per migliorare la crescita dei tulipani. I concimi specifici per bulbi sono ricchi di fosforo e potassio, utili per lo sviluppo delle radici e dei fiori.

Cultivar

Varietà coltivata di tulipano ottenuta attraverso selezioni e incroci. Esistono migliaia di cultivar con caratteristiche uniche in termini di colore, forma e altezza.

D

Dormienza

Fase di riposo dei bulbi, durante la quale la crescita è sospesa. Nei tulipani, la dormienza si verifica durante i mesi estivi e consente al bulbo di accumulare energia per la prossima fioritura.

Drenaggio

Capacità del terreno di consentire all'acqua in eccesso di defluire. Un buon drenaggio è essenziale per prevenire il marciume dei bulbi.

E

Essiccazione

Processo di rimozione dell'umidità dai bulbi dopo la raccolta, fondamentale per la loro conservazione. I bulbi devono essere asciugati in un luogo fresco e ventilato.

Epoca di fioritura

Periodo in cui un tulipano fiorisce. Alcune varietà fioriscono all'inizio della primavera, mentre altre raggiungono il pieno splendore a metà o fine stagione.

F

Fertilizzante a lento rilascio

Concime che rilascia gradualmente i nutrienti nel tempo, garantendo una nutrizione costante alle piante durante l'intero ciclo di crescita.

Fioritura precoce/tardiva

La fioritura dei tulipani può essere classificata in base al momento in cui avviene: **precoce** (marzo-aprile), **media** (aprile-maggio) o **tardiva** (fine maggio).

Forzatura

Tecnica che permette di anticipare la fioritura

dei tulipani. I bulbi vengono conservati al freddo e poi piantati in modo da fiorire prima della stagione naturale.

G

Germinazione

Processo attraverso cui il bulbo inizia a sviluppare radici e germogli, dando inizio alla crescita della pianta.

Giardino formale

Tipo di giardino con aiuole ordinate e disposte geometricamente. I tulipani sono spesso utilizzati in giardini formali per creare effetti cromatici armoniosi.

I

Ibrido

Tulipano ottenuto dall'incrocio tra due varietà diverse per ottenere caratteristiche migliorative come colori più intensi, maggiore resistenza o nuove forme di fiore.

Irrigazione

Apporto di acqua necessario alla crescita dei tulipani. È importante evitare eccessi che possono causare marciume dei bulbi.

L

Letargo estivo

Stato di dormienza che i bulbi di tulipano attraversano durante l'estate. Durante questo periodo i bulbi devono essere conservati in un luogo asciutto e ventilato.

M

Marciume dei bulbi

Malattia fungina causata da un eccesso di umidità che provoca il deterioramento dei bulbi. Una corretta gestione dell'irrigazione e del drenaggio può prevenirlo.

Moltiplicazione vegetativa

Metodo di propagazione dei tulipani tramite la separazione dei bulbetti prodotti dai bulbi principali.

N

Nematodi

Parassiti microscopici che possono attaccare i bulbi dei tulipani, causando danni alle radici e ostacolando la crescita della pianta.

P

Parassiti

Insetti o organismi che danneggiano i tulipani, come afidi o roditori. La gestione tempestiva dei parassiti è fondamentale per mantenere le piante sane.

Piantagione autunnale

Periodo in cui vengono interrati i bulbi dei tulipani, in genere tra settembre e novembre, per garantire la fioritura primaverile.

R

Riposo vegetativo

Fase in cui la pianta interrompe la crescita e si prepara per la stagione successiva. Nei tulipani, il riposo avviene durante l'estate.

Roditori

Animali come topi e talpe che possono danneggiare i bulbi scavando nel terreno.

S

Stratificazione

Processo di conservazione dei bulbi a basse temperature per imitare le condizioni naturali dell'inverno. Questo stimola la germinazione e garantisce una fioritura vigorosa.

Suolo ben drenato

Tipo di terreno che permette all'acqua di defluire facilmente. I tulipani richiedono un suolo ben drenato per evitare il marciume dei bulbi.

T

Tulipano botanico

Specie di tulipano che cresce in natura senza interventi umani. Questi tulipani sono più piccoli e resistenti rispetto alle varietà ibride.

Tulipano doppio

Varietà di tulipano con petali multipli che conferiscono al fiore un aspetto simile a una peonia.

V

Virus del tulipano (Tulip Breaking Virus)

Malattia virale che provoca striature di colore sui petali, creando effetti cromatici unici. Sebbene alcune varietà siano apprezzate per queste caratteristiche, il virus riduce la vitalità della pianta.

Z

Zone di rusticità

Classificazione delle aree geografiche in base alle temperature minime annuali. I tulipani sono adatti a zone con inverni freddi, poiché il freddo stimola la fioritura.

Indice

Introduzione pg.4

Capitolo 1: Storia e Varietà dei Tulipani pg.6

Capitolo 2: Fattori da Considerare per la Scelta del Luogo pg.14

Capitolo 3: Scelta dei Bulbi di Tulipano pg.24

Capitolo 4: Cura e Manutenzione dei Tulipani pg.34

Capitolo 5: Raccolta e Conservazione dei Bulbi dei Tulipani pg.44

Glossario sui Tulipani pg.54

www.ingramcontent.com/pod-product-compliance
Lightning Source LLC
Chambersburg PA
CBHW070410230526
45471CB00006B/2734